知遊ブックス ❹

虫食算パズル

大駒 誠一

知遊ブックス ❹

虫食算 パズル

目次

- **6** 虫食算
- **6** 虫食算の約束事
- **7** 虫食算の解き方

- **15** 問題
  - **16** 初級
  - **41** 中級
  - **74** 上級

- **106** 解答

はじめに

　パズルの面白さは何といっても達成感にある。試行錯誤を繰り返し、苦労して苦労してようやくできたときの満足感は何物にも代えがたいものである。虫食算もそのパズルの一種であり、算数パズルではあるが、予備知識としては小学校で習った加減乗除だけで十分なので、誰でも気軽にとりかかることができる。そして、高等数学は何の役にも立たない。

　本書には、ごくやさしい問題から、かなり難しい問題まで120題の掛算と割算の虫食算がある。加算、減算は一つもない。加算、減算の虫食算はあまりにも簡単過ぎてつまらないので採用しなかった。一応、初級、中級、上級にわけてある。初級は虫食算に慣れた人ならさらさらとできる程度、中級は少し試行錯誤が必要で、上級は本格的に腰を落ち着けて取りかかる必要がある問題である。しかし、この分類はあくまでも筆者の主観によるものなので、初級問題ででこずる人がいるかもしれないし、中級や上級の問題があっさり解けてしまうこともあろう。

　こんなにいっぱい虫に食われてしまって答が出るのか心配になるような問題がたくさんある。でも、答は間違いなく一つだけある。簡単なのは通勤電車の中で、難しいのは机に向ってじっくりと虫食算の面白さを味わっていただきたい。この中に2006とか18の数字の入っている問題がいくつかある。無論、西暦2006年、平成18年限定の問題である。

　本書に掲載した虫食算120題はどれも、このたび新しく作ったものである。もしかして、過去のどなたかの作品と同じものがあるかもしれないが、それは偶然の一致であって決して盗作はしていないのでご容赦願いたい。そして、

その虫食算の掛算の積および割算の被除数はいずれも8桁を越えないように作ってある。これは、普通の電卓あるいは、携帯電話の電卓機能を使ってできるようにと考えたからである。

　自分で解いた虫食算の答が合っているかどうか確かめるのは簡単である。したがって、答は載せる必要ないとも思われるが、どうしても、確認したいという人のために巻末に答を載せた。パズルはどんなものでも答を知ってしまっては面白くないので、答はできるだけ見ないことを勧める。ただ、最後の5題については答を載せていない。問題116～120の5題が解けた方は、東京出版のホームページ

http://www.tokyo-s.jp/chy4/

に解答を記入していただきたい。この5題の正解者は、正解者リスト

(http://www.tokyo-s.jp/chy4/winners.cgi)

にハンドルネームが掲載される。

　最後になったが、虫食算というのは、□や数字の位置がちょっとでもずれたり欠けたりすると、答が出なくなったり、たくさん出てしまったりとパズルではなくなってしまう。したがって、その校正は極めて大変な作業であるが、それを株式会社東京出版編集部の石井俊全氏にすべてやっていただいた上、その他出版にかかわるもろもろのお世話になった。ここに、あらためて謝意を表する。

2006年2月　著者

虫食算

虫食算の約束事

虫食算には簡単な約束事がある。
① 1個の □ には0～9の数字を1個だけ入れる。
② 左端の □ には0を入れてはいけない。

約束事はこれだけである。これだけを守って、正しい掛算または割算の形式にすればよい。

なお、本書だけの特別の約束事がある。それは、例題1は図1－1と同じということで、割算が割り切れて余りが出ないときは、その余りの0を省いている。もし、最下段の──の下に数字や □ があったら、その割算には余りがあることを示す。

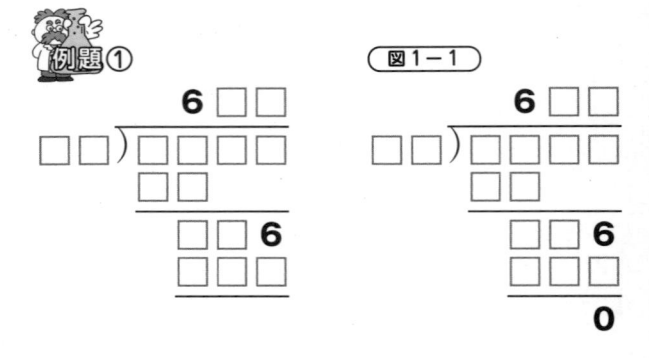

例題①

```
        6 □ □
   □ □ ) □ □ □ □
         □ □
         □ □ 6
         □ □ □
```

図1－1

```
        6 □ □
   □ □ ) □ □ □ □
         □ □
         □ □ 6
         □ □ □
              0
```

まず、試しにこの例題1を解かれたし。2個の6以外全部虫に食われてしまっているが、これでもちゃんと答が一つだけ求まる。これは、簡単な虫食算で、本書では初級クラスの問題である。答は13ページに示す。

虫食算

虫食算の解き方

虫食算に決まった解き方はない。要は問題毎に、残されている数字と□の位置や個数から虫に食われてしまった数を復元していけばいい。以下に掛算と割算の一題ずつ解き方の例を示す。これはあくまでも例であって、解き方は問題毎に最も適切な方法を自分で探していくものある。この2例は本書ではだいたい中級に属する問題である。

掛算の解き方の例

例題2を解く。数や□の位置をはっきりさせるために番号をつける。それが図2−1であるが、番号のつけ方は明らかであろう。

例題②

```
          7 □ □    …… 被乗数
      ×   □ □ □    …… 乗数
      ─────────
          □ □ 7   ⎫
        □ □ □     ⎬ 中間部
      □ □ □       ⎭
      ─────────
      □ □ 7 □ □    …… 積
```

(図2−1)

```
         ₁7₃ [1,4] [1,5]        …… 1行目
      ×  [2,3] [2,4] [2,5]      …… 2行目
      ───────────────────
         [3,2] [3,3] [3,4] ₃7₅  …… 3行目
      [4,1] [4,2] [4,3]         …… 4行目
      ───────────────────
      [5,1] [5,2] ₅7₃ [5,4] [5,5] …… 5行目
```

まず、必然的に数字が入る□を埋める。最初に、[5,5]は上の₃**7**₅と同じなので7。[2,4]に対応する中間部がない

⑦

ので、$\boxed{2,4}$ は 0 であることは明らか。次に、

$$_17_3\ \boxed{1,4}\ \boxed{1,5} \times \boxed{2,3} = \boxed{4,1}\ \boxed{4,2}\ \boxed{4,3}$$

から、$\boxed{2,3}$ が 2 以上だとこの右辺の積（4 行目）が 4 桁になるので、$\boxed{2,3}$ は 1 に確定。$\boxed{2,3}$ が 1 に決まれば 1 行目と 4 行目が同じということなので、$\boxed{4,1}$ も $_17_3$ と同じ 7 に確定する。

ここまでを整理したのが、図 2 − 2 である。虫食算に慣れてくれば、ここまでは一目でわかる。

図 2 − 2

$$\begin{array}{r}
_17_3\ \boxed{1,4}\ \boxed{1,5} \\
\times\ _21_3{}_20_4\ \boxed{2,5} \\
\hline
\boxed{3,2}\ \boxed{3,3}\ \boxed{3,4}\ _37_5 \\
_47_1\ \boxed{4,2}\ \boxed{4,3} \\
\hline
\boxed{5,1}\ \boxed{5,2}\ _57_3\ \boxed{5,4}\ _57_5
\end{array}$$

次に、

$$\boxed{1,5} \times \boxed{2,5} = \boxed{}\ _37_5$$

となるのは、

$$1 \times 7 = 7,\ 3 \times 9 = 27,\ 7 \times 1 = 7,\ 9 \times 3 = 27$$

の 4 通りしかない。このうち、3 行目が 4 桁になるためには、$\boxed{2,5}$ は 2 以上でないと駄目なので、$7 \times 1 = 7$ は除かれる。これで、$\boxed{1,5}$、$\boxed{2,5}$ のペアは、1 と 7、3 と 9、9 と 3 の 3 通りの組み合せのどれかということになる。あと使っていない情報は $_57_3$ である。

$$_17_3\ \boxed{1,4}\ \boxed{1,5} \times\ _21_3{}_20_4\ \boxed{2,5} = \boxed{5,1}\ \boxed{5,2}\ _57_3\ \boxed{5,4}\ _57_5$$

で、$\boxed{1,4}$ が 0 〜 9 の 10 通りが考えられ、$\boxed{1,5}$、$\boxed{2,5}$ は上記の 3 通りなので、この 10 × 3 = 30 通りを全部掛算してみる。

```
701×107=75007      703×109=76627      709×123=87207
711×107=76077      713×109=77717      719×123=88437
721×107=77147      723×109=78807      729×123=89667
731×107=78217      733×109=79897      739×123=90897
741×107=79287      743×109=80987      749×123=92127
751×107=80357      753×109=82077      759×123=93357
761×107=81427      763×109=83167      769×123=94587
771×107=82497      773×109=84257      779×123=95817
781×107=83567      783×109=85347      789×123=97047
791×107=84637      793×109=86437      799×123=98277
```

虫食算

これを見ると、₅**7**₃が一致するのは、

713×109＝77717

の1個しかないので、これが答で、図2－3となる。

虫食算を解くのに30通り程度の試行錯誤はたいしたことではない。

図2－3

```
      7 1 3
    × 1 0 9
    -------
      6 4 1 7
    7 1 3
    ---------
    7 7 7 1 7
```

割算の解き方の例

例題3を考える。小数点のある問題で、これも図3－1のように番号をふる。除数は0行目とする。

例題③

```
                  □.□□□   … 商
除数 … 4 □□ ) □□□          … 被除数
              □□
              ────
              □□ 4 □
              □□   4           中間部
              ────
                 □ □ □
                 □ □ □
                 ────
                 □ □ □   … 余り
```

図3−1

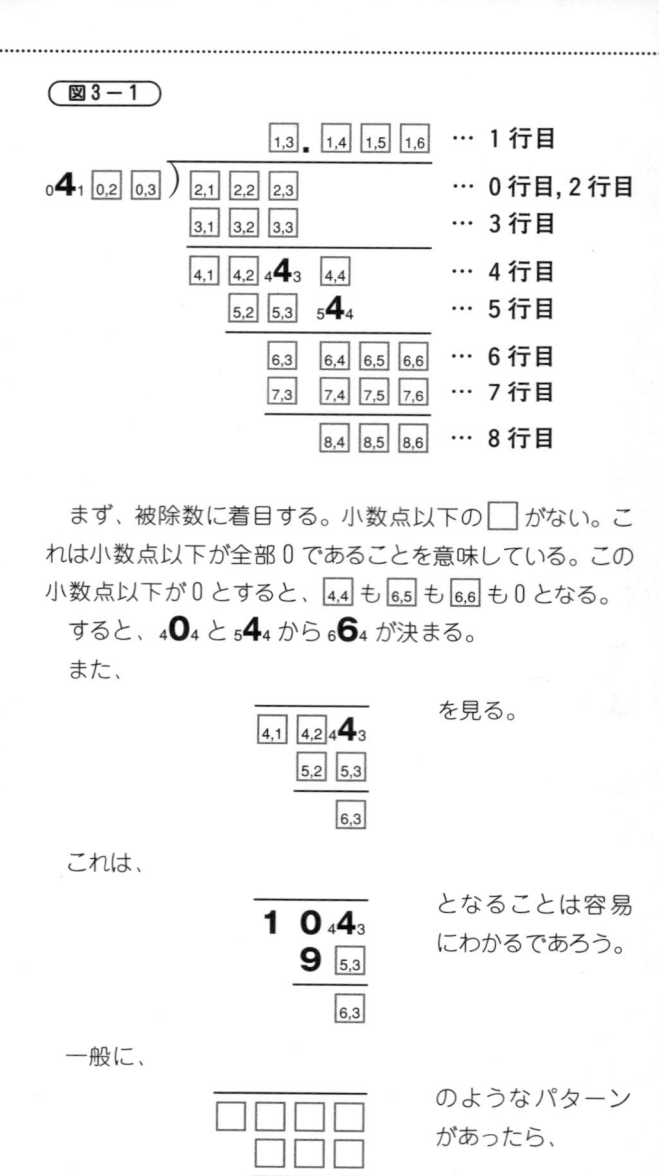

```
                    ₁,₃ . ₁,₄ ₁,₅ ₁,₆     … 1行目
   ₀4₁ ₀,₂ ₀,₃ ) ₂,₁ ₂,₂ ₂,₃               … 0行目, 2行目
                ₃,₁ ₃,₂ ₃,₃                … 3行目
              ₄,₁ ₄,₂ ₄4₃ ₄,₄              … 4行目
                ₅,₂ ₅,₃  ₅4₄               … 5行目
                  ₆,₃ ₆,₄ ₆,₅ ₆,₆          … 6行目
                  ₇,₃ ₇,₄ ₇,₅ ₇,₆          … 7行目
                       ₈,₄ ₈,₅ ₈,₆         … 8行目
```

まず、被除数に着目する。小数点以下の□がない。これは小数点以下が全部0であることを意味している。この小数点以下が0とすると、₄,₄も₆,₅も₆,₆も0となる。

すると、₄0₄と₅4₄から₆6₄が決まる。

また、

$$\boxed{}_{4,1}\ \boxed{}_{4,2}{}_4\mathbf{4}_3$$
$$\boxed{}_{5,2}\ \boxed{}_{5,3}$$
$$\boxed{}_{6,3}$$

を見る。

これは、

$$\mathbf{1\ 0}_4\mathbf{4}_3$$
$$\mathbf{9}\ _{5,3}$$
$$_{6,3}$$

となることは容易にわかるであろう。

一般に、

```
  □ □ □
    □ □
      □
```

のようなパターンがあったら、

虫食算

ただちに

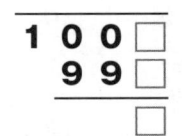

```
       1 0 0 □
         9 9 □
         ───
             □
```

としてしまってかまわない。

また、$_{1,5}$ に対する中間部がないので、$_1\mathbf{0}_5$ が決まる。さらに、$_5\mathbf{9}_2$ を見る。除数の左端が 4 なので、これを何倍かして、$_5\mathbf{9}_2$ となるのは 2 倍以外ないので、$_{1,4}$ は 2 に決まる。

次に 3 行目を見て、除数を 3 倍以上すると、3 行目が 4 桁になってしまうので、$_{1,3}$ は 1 か 2 でなければならない。2 とすると 5 行目と同じく、$_{3,1}$ は 9 となる。しかし、ここが 9 だと、$_{4,1}$ が 1 にならないので、$_{1,3}$ は 2 では大き過ぎ、$_{1,3}$ は 1 に確定した。

$_{1,3}$ が 1 になると、3 行目は除数とおなじなので、$_{3,1}$ も $_0\mathbf{4}_1$ と同じで 4 となる。

ここまでで、決まった数字を入れると、図 3 − 2 となる。

図 3 − 2

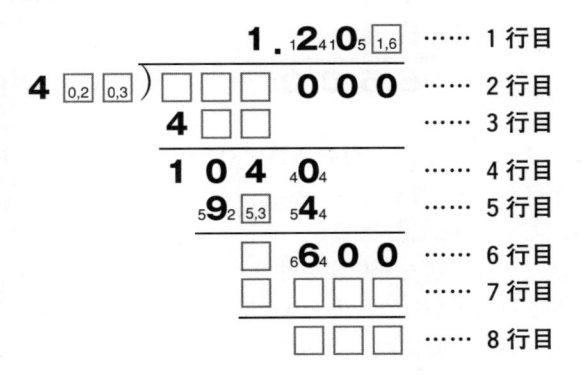

```
                 1 . 1 2 4 1 0 5 1 6    …… 1 行目
      4 0,2 0,3 ) □ □ □   0 0 0         …… 2 行目
                4 □ □                   …… 3 行目
                ─────────
                1 0 4  4 0 4            …… 4 行目
                5 9 2 5 3 5 4 4         …… 5 行目
                ─────────
                  □  6 6 4 0 0          …… 6 行目
                     □ □ □ □            …… 7 行目
                     ─────
                       □ □ □            …… 8 行目
```

$\boxed{0,3}$ を見る。これは

$$\boxed{0,3} \times {}_1\mathbf{2}_4 = \boxed{}\ {}_5\mathbf{4}_4$$

から、2（2×2＝4）または7（7×2＝14）の2通りのどちらかということがわかる。

また、$\boxed{0,2}$ が0〜4では、除数を ${}_1\mathbf{2}_4$ 倍したとき、${}_5\mathbf{9}_2$ にならないので、$\boxed{0,2}$ は5〜9の5通りのいずれかであることがわかる。そこで、この2（2か7）×5（5〜9）＝10通りを5行目について計算してみる。

452×2＝904	457×2＝914
462×2＝924	467×2＝934
472×2＝944	477×2＝954
482×2＝964	487×2＝974
492×2＝984	497×2＝994

今、${}_0\mathbf{2}_3$ としたときの最大 492×2＝984 を使って、4,5,6行目を書いてみる

```
    1 0 4 0      …… 4行目
      9 8 4      …… 5行目
    5 6 0 0      …… 6行目
```

となるが、これだと、除数は最大でも499なので、7行目を5600程度にするためには、$\boxed{1,6}$ を10以上にしなければならなくなり、${}_0\mathbf{2}_3$ は却下。

これで、6行目を5600より小さくするために、5行目は984より大きくなければならないことがわかる。984より大きいのは、上の10通りの中では、

497×2＝994

だけなので、乗数は497に決まる。4,5,6行目は、

```
    1 0 4 0      …… 4行目
      9 9 4      …… 5行目
    ─────────
    4 6 0 0      …… 6行目
```

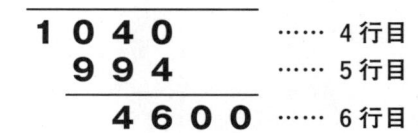

となる。

　すると 1,6 は 8 以下にすると、余りが除数の考えられる最大の499より大きくなってしまうので、1,6 は 9 以外にないことがわかり、これで、除数と被除数の □ がすべて確定し、この虫食算は解けて、図 3 － 3 がただ 1 通りの答である。余りも0.127以外にないことは明白であろう。

図 3 － 3

```
              1.2 0 9
      ┌─────────────
 4 9 7)6 0 1
        4 9 7
        ─────
        1 0 4 0
          9 9 4
        ───────
          4 6 0 0
          4 4 7 3
          ───────
              1 2 7
```

　以上のように、虫食算は、まず、必然的に決まる □ に数字を入れ、後はねばり強く類推と試行錯誤を繰り返して解いていくものなのである。

例題 1（6ページ）の答

```
              6 0 9
      ┌───────────
 1 4)8 5 2 6
      8 4
      ───
      1 2 6
      1 2 6
```

問題

問題―初級 (50問)

Question 1

```
        □□
  ×    6□
   ─────
      □□1
     □□2
   ─────
     □□9□
```

Question 2

```
           □7
   □□□)□□□□
         □□2
         ────
         □□□
         □□3
```

初級

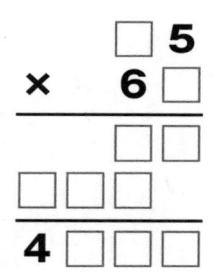

Question 3

```
     □5
×   6□
─────
    □□
  □□□
─────
4□□□
```

Question 4

```
            7□
7□□)□□□□  7□
     □□□□
     ─────
       □□7
       □□□
```

Question 5

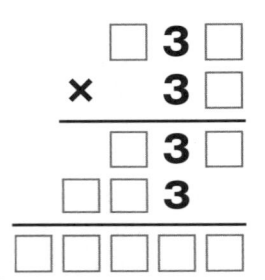

```
      □ 3 □
  ×     3 □
  ─────────
      □ 3 □
    □ □ 3
  ─────────
  □ □ □ □ □
```

Question 6

```
             7 □ □
        ┌─────────
  □ □ ) □ □ □ □ □
        □ □
        ─────
          □ □ 7
          □ □ □
          ─────
```

初級

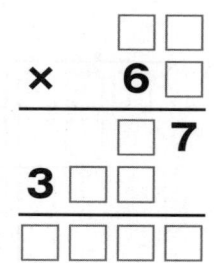

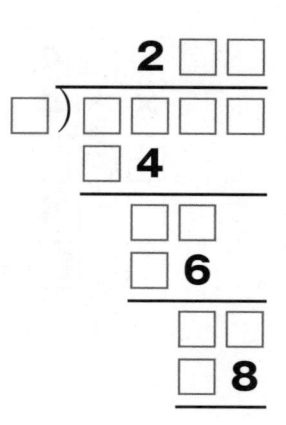

Question 7

```
        □ □
  ×   6 □
  ─────────
        □ 7
    3 □ □
  ─────────
  □ □ □ □
```

Question 8

```
          2 □ □
      ┌─────────
    □ ) □ □ □ □
        □ 4
      ─────
        □ □
        □ 6
      ─────
          □ □
          □ 8
```

19

Question 9

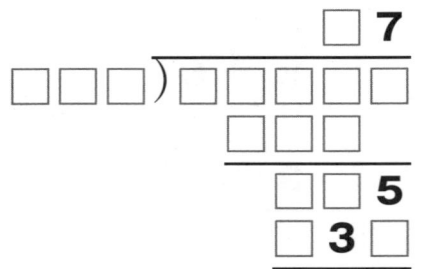

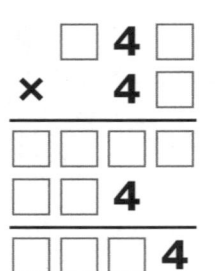

```
              □ 7
□□□ ) □□□□□
      □□□
      ─────
       □□ 5
       □ 3 □
       ─────
```

Question 10

```
        □ 4 □
    ×     4 □
    ─────────
      □□□□□
      □□ 4
    ─────────
      □□□ 4
```

初級

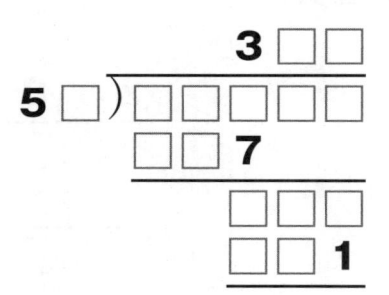

Question 11

```
        3 □ □
5 □ ) □ □ □ □ □
      □ □ 7
      ─────
        □ □ □
        □ □ 1
        ─────
```

Question 12

```
       □ □
 □ ) 7 □ □
     □ □
     ───
       □
       □
       ─
       □
```

Question 13

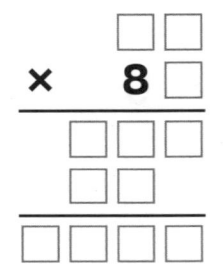

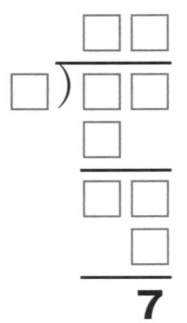

```
      □□
  ×   8□
  ─────
     □□□
    □□
  ─────
    □□□□
```

Question 14

```
         □□
      ┌─────
    □)□□
      □
      ──
      □□
       □
      ──
       7
```

初級

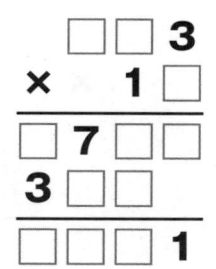

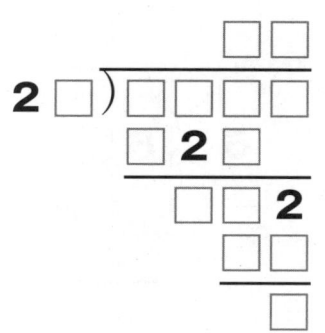

Question 15

```
      □ □ 3
  ×     1 □
  ─────────
    □ 7 □ □
  3 □ □
  ─────────
  □ □ □ 1
```

Question 16

```
              □ □
      _____
  2 □ ) □ □ □ □
        □ 2 □
        ───────
          □ □ 2
          □ □
          ─────
              □
```

Question 17

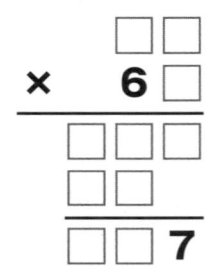

```
        □□
   ×   6□
      □□□
       □□
      □□7
```

Question 18

```
              □6
     6□□)□□□□□□
          6□6□
          □□□6
          □□□□
```

初級

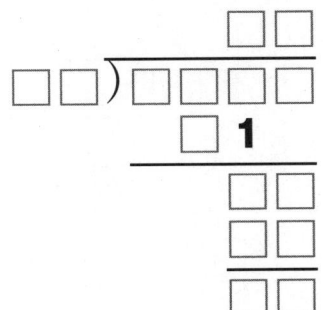

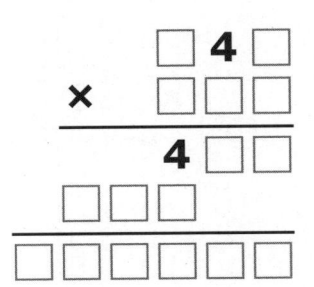

Question 19

```
        □□
   □□)□□□□□
       □1
      ─────
       □□
       □□
      ─────
        □□
```

Question 20

```
      □4□
   ×  □□□
   ──────
      4□□
     □□□
   ──────
   □□□□□□
```

Question 21

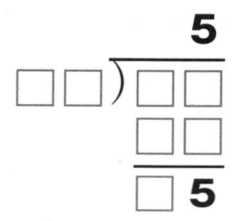

```
          5
□□ ) □□
     □□
     ─────
      □5
```

Question 22

```
        □□
  ×    7□
  ───────
      □□□
     □□
  ───────
     □□□
```

初級

Question 23

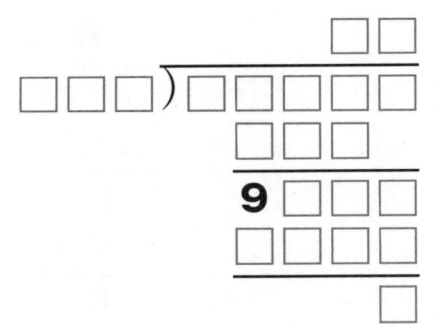

```
          □□
    ┌─────────
□□□)□□□□□
    □□□
    ─────
     9□□□
     □□□□
     ─────
        □
```

Question 24

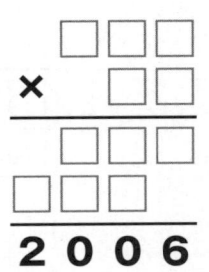

```
       □□□
    ×   □□
    ──────
       □□□
      □□□
    ──────
      2006
```

Question 25

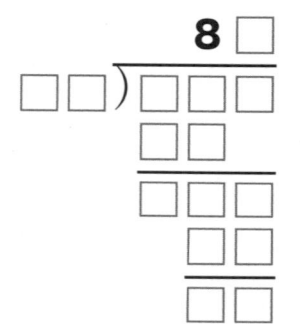

```
            8 □
     ┌─────────
  □□ ) □ □ □
       □ □
       ─────
       □ □ □
         □ □
         ─────
         □ □
```

Question 26

```
            □ □
     ┌─────────
  □□ ) □ □ □ □
       □ □
       ─────
         □ □
         □ 5
         ─────
         □ □
```

初級

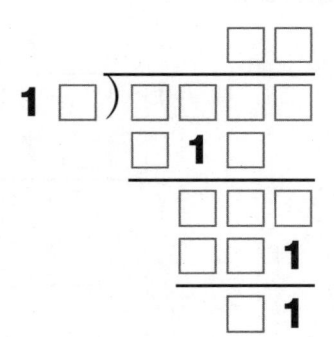

Question 27

```
         □□
    1□)□□□□
      □1□
      ─────
       □□□
       □□1
       ───
        □1
```

Question 28

```
       □1□
  ×     1□
  ───────
      □□1□
     1□□
  ───────
     □□□□
```

Question 29

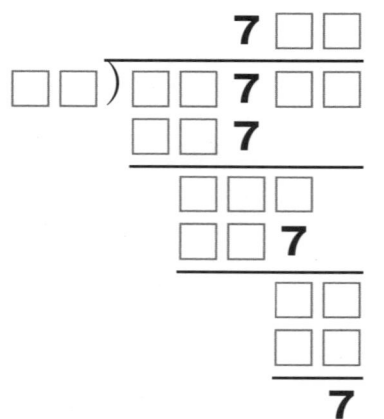

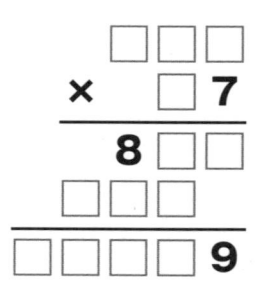

```
              7 □ □
      _____
□ □ ) □ □ 7 □ □
      □ □ 7
      ─────
        □ □ □
        □ □ 7
        ─────
          □ □
          □ □
          ───
             7
```

Question 30

```
           □ □ □
      ×    □ 7
      ─────────
         8 □ □
       □ □ □
      ─────────
       □ □ □ □ 9
```

初級

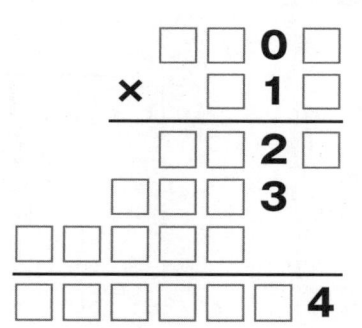

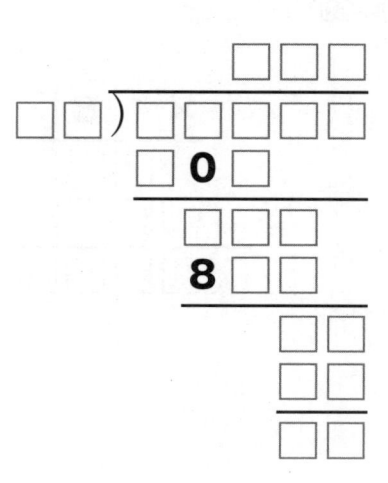

Question 31

```
      □ □ 0 □
　×    □ 1 □
　─────────
      □ □ 2 □
    □ □ □ 3
  □ □ □ □
  ─────────
□ □ □ □ □ □ 4
```

Question 32

```
              □ □ □
        ┌───────────
    □ □ ) □ □ □ □ □
          □ 0 □
          ─────
            □ □ □
            8 □ □
            ─────
              □ □
              □ □
              ───
              □ □
```

Question 33

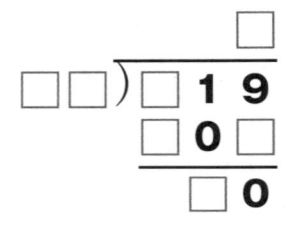

```
          □
    □□)□ 1 9
       □ 0 □
         □ 0
```

Question 34

```
         □ □ □
    ×    8 □ □
       ─────────
         □ □ □ □
       □ □ □ □
    ───────────────
       □ □ □ □ □ □
```

初級

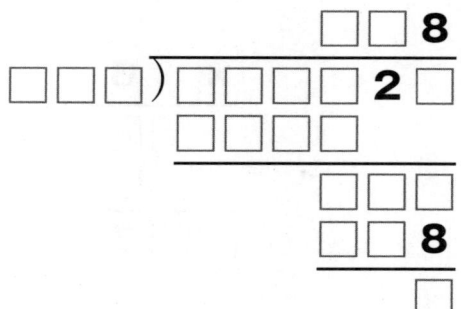

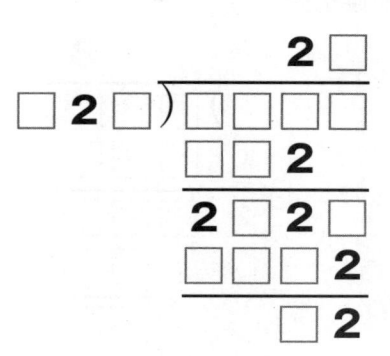

Question 35

```
            □□8
      _____
□□□)□□□□2□
     □□□□
     _____
      □□□
      □□8
      ___
       □
```

Question 36

```
              2□
      _____
□2□)□□□□□
    □□2
    _____
    2□2□
    □□□2
    _____
     □2
```

Question 37

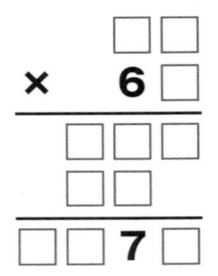

```
        □ □
  ×   6 □
    □ □ □
    □ □
  □ □ 7 □
```

Question 38

```
              8 □ □
       _____
  □ □ □ ) □ □ □ □ □
          □ □ □
          _____
            □ □ □ □
            □ □ □
            _____
              □ □ 8 □
              □ □ □ □
              _____
                  □ 8
```

初級

Question 39

```
        □□
   × □□□
   ─────
      □□□
     □□
   ─────
   □□□□9
```

Question 40

```
           3□□
   □□□)3□□□□□
       □□3
       ─────
        □□□□
        □□□□
        ─────
           3
```

Question 41

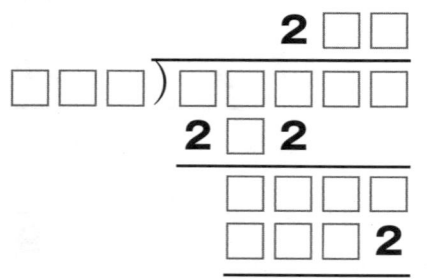

```
            2 □ □
    □ □ □ ) □ □ □ □ □
          2 □ 2
          ─────
            □ □ □ □
            □ □ □ 2
          ─────────
```

Question 42

```
              4 □ □
    □ □ □ ) 4 □ □ □ 4
            □ □ 4
          ─────
              □ □ □ □
              □ □ □ 4
            ─────────
                  4 □
```

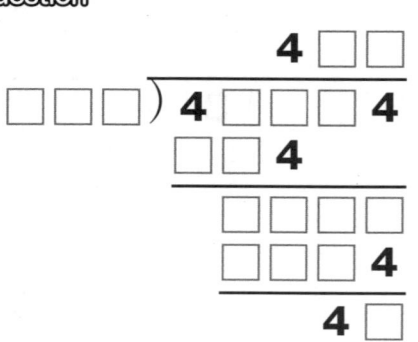

初級

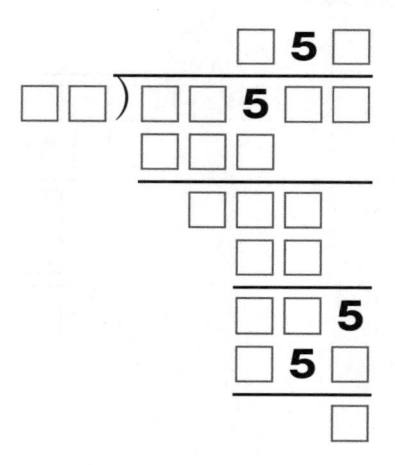

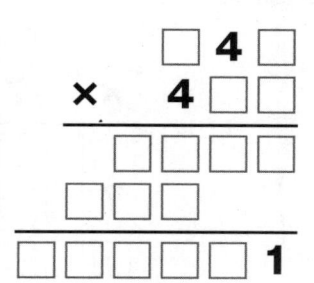

Question 43

```
        □ 5 □
□□ ) □□ 5 □□
     □□□
     ─────
      □□□
       □□
       ─────
        □□ 5
        □ 5 □
        ─────
          □
```

Question 44

```
         □ 4 □
   ×     4 □□
   ─────────
        □□□□
       □□□
   ─────────
      □□□□□ 1
```

Question 45

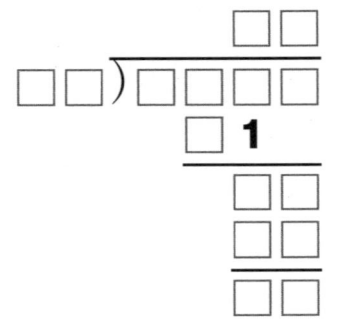

```
         □ □
    □ □ ) □ □ □ □ □
          □ 1
        ───────
          □ □
          □ □
        ───────
          □ □
```

Question 46

```
          □ □ □
    ×     7 □ □
    ─────────────
        □ □ □ □
      7 □ □
    ─────────────
    □ □ □ □ 7
```

初級

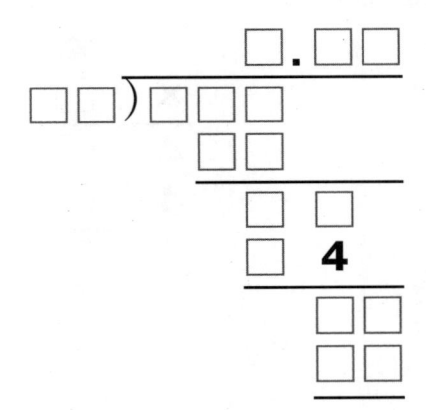

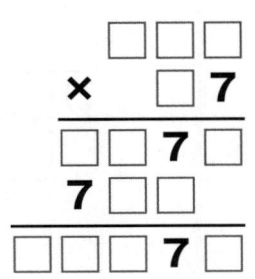

Question 47

```
           □.□□
      ──────────
   □□)□□□
      □□
      ───
       □ □
       □ 4
      ─────
         □□
         □□
       ─────
```

Question 48

```
         □□□
    ×     □7
    ────────
        □□7□
       7□□
    ────────
       □□□7□
```

Question 49

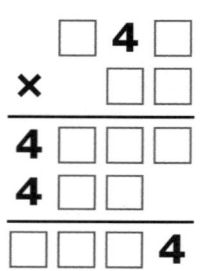

```
     □ 4 □
 ×     □ □
 ─────────
   4 □ □ □
   4 □ □
 ─────────
   □ □ □ 4
```

Question 50

```
          . □ 4
    ┌─────────
 □□ )  □ □
       □ □   □
       ─────
         □ □ □
           □ □
           ───
             □
```

初級～中級

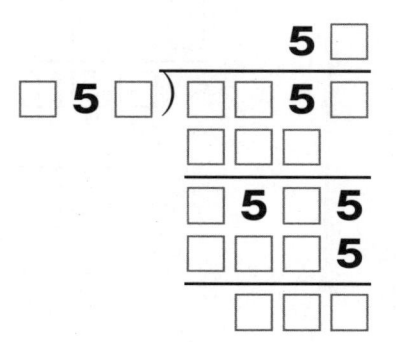

問題―中級 (40問)

Question 51

```
              5□
    □5□)□□5□
        □□□
         □5□5
         □□□5
          □□□
```

Question 52

```
          □□01
      ×    2□
         □□3□
        □□4□□
       □5□□□□
```

Question 53

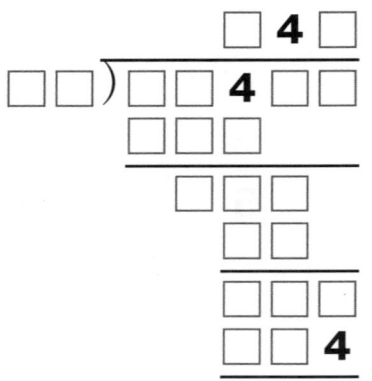

```
           □ 4 □
      ┌─────────
□ □ ) □ □ 4 □ □
      □ □ □
      ───────
        □ □ □
        □ □
        ─────
          □ □ □
          □ □ 4
```

Question 54

```
        □ □
    ×   □ □
    ───────
      □ 7 □
      □ □
    ───────
      □ □ 7
```

中級

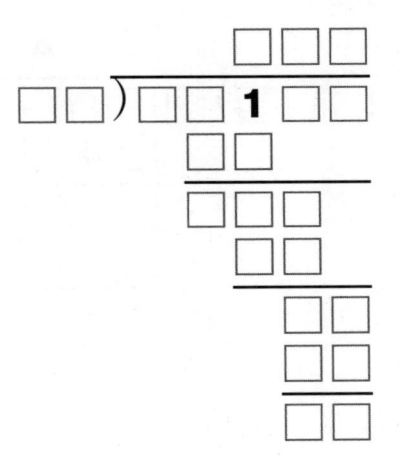

Question 55

```
          □□□
      ┌─────────
   □□)□□ 1 □□
      □□
      ─────
      □□□
      □□
      ─────
        □□
        □□
        ───
        □□
```

Question 56

```
         □□
    ×   □5
    ──────
        □□
      □7□
    ──────
      □□□□
```

Question 57

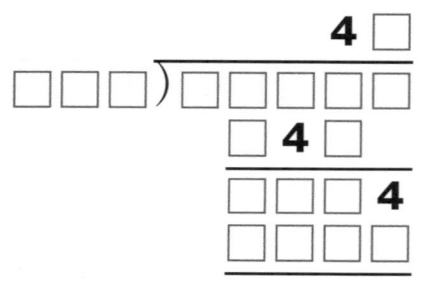

```
           4□
□□□)□□□□□□
     □4□
     □□□4
     □□□□
```

Question 58

```
       □□
   ×  7□
     ─────
      5□
   □3□
   ─────
   □□□□
```

中級

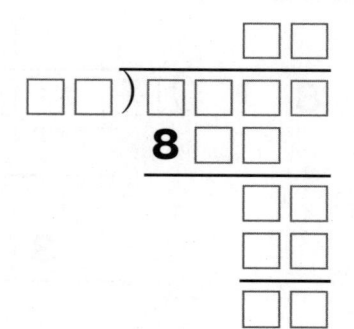

Question 59

```
        □□
   □□)□□□□
      8□
      ──
      □□
      □□
      ──
      □□
```

Question 60

```
         □□
    ×   □□□
       ───
        □□□
       □□
     ──────
     □□□2□
```

Question 61

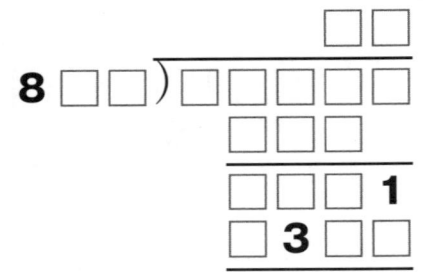

```
           □ □
8 □ □ ) □ □ □ □ □
       □ □ □
       □ □ □ 1
       □ 3 □ □
```

Question 62

```
          □ □ 0 □
    ×       □ 1 □
          □ □ 2 □
        □ □ □ 3
      □ □ □ □ □
      □ □ 4 □ □ □ □
```

中級

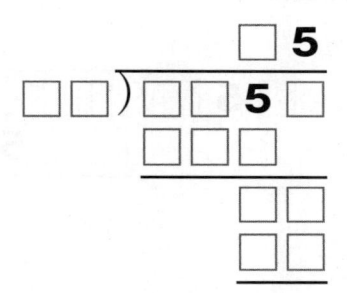

Question 63

```
         □ 5
    ┌─────────
□□ )│□ □ 5 □
    │□ □ □
    ├─────
    │    □ □
    │    □ □
    └─────
```

Question 64

```
      □ 6 □
  ×   　6 □
  ─────────
    □ □ 6 □
  □ □ 6
  ─────────
  □ □ □ □ □
```

Question 65

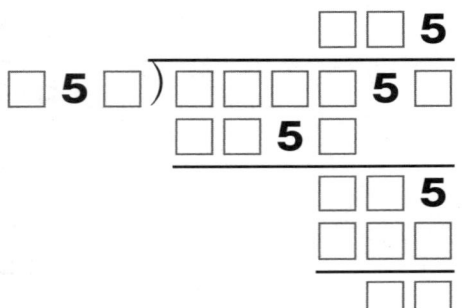

```
            □ □ 5
□ 5 □ ) □ □ □ □ 5 □
        □ □ 5 □
        ─────────
            □ □ 5
            □ □ □
            ─────
              □ □
```

Question 66

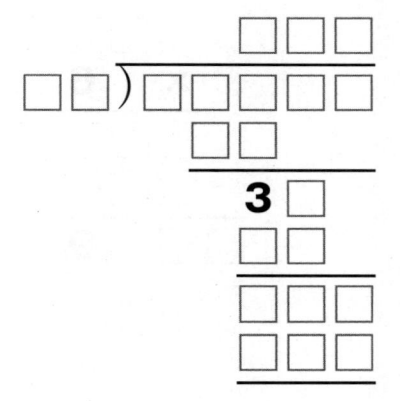

```
        □□□
   □□)□□□□□
      □□
      ───
       3□
       □□
       □□□
       □□□
       ───
```

Question 67

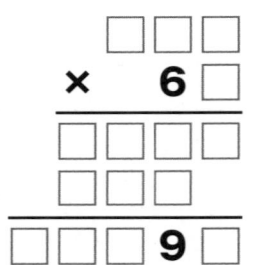

```
       □□□
  ×     6□
   ───────
     □□□□□
      □□□
   ───────
     □□□9□
```

中級

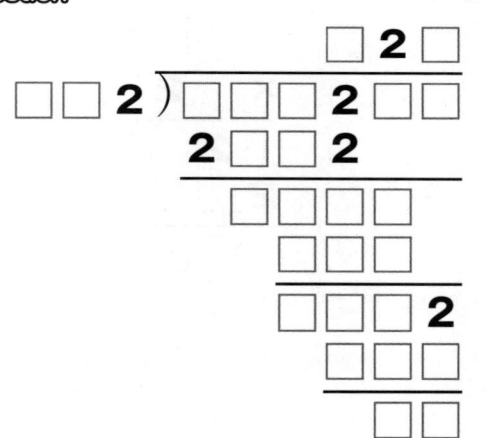

Question 68

```
              □ 2 □
    □ □ 2 ) □ □ □ 2 □ □
          2 □ □ 2
          ─────────
            □ □ □ □
            □ □ □
            ─────────
              □ □ □ 2
              □ □ □
              ─────────
                □ □
```

Question 69

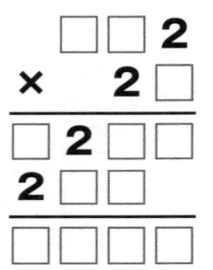

```
      □ □ 2
  ×     2 □
  ─────────
    □ 2 □ □
  2 □ □
  ─────────
  □ □ □ □
```

70 Question

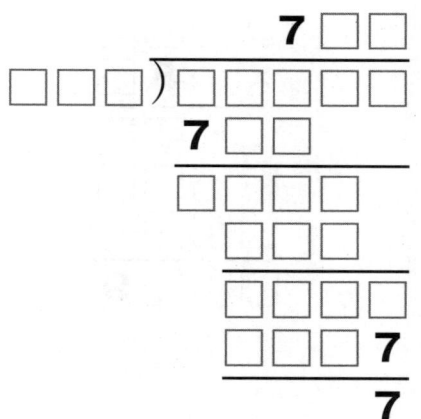

中級

```
          7 □ □
□ □ □ ) □ □ □ □ □
       7 □ □
       ─────
       □ □ □ □
         □ □ □
         ─────
         □ □ □ □
         □ □ □ 7
         ───────
               7
```

Question 71

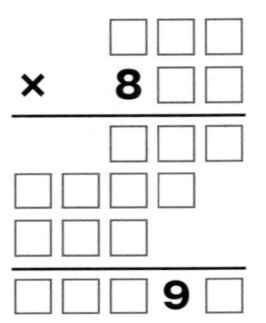

```
        □□□
  ×   8 □□
  ─────────
        □□□
      □□□□
      □□□
  ─────────
      □□□9□
```

中級

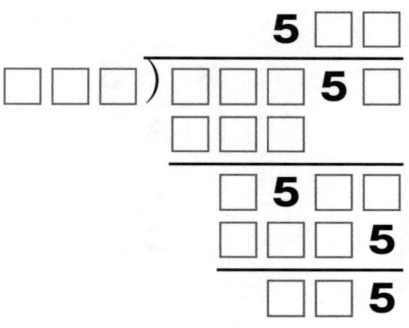

Question 72

```
            5 □ □
□ □ □ ) □ □ □ 5 □
        □ □ □
        ─────────
          □ 5 □ □
          □ □ □ 5
          ─────────
            □ □ 5
```

Question 73

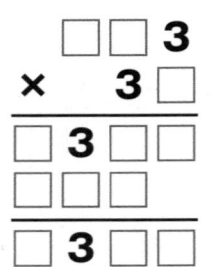

```
      □ □ 3
  ×     3 □
  ─────────
    □ 3 □ □
    □ □ □
  ─────────
    □ 3 □ □
```

中級

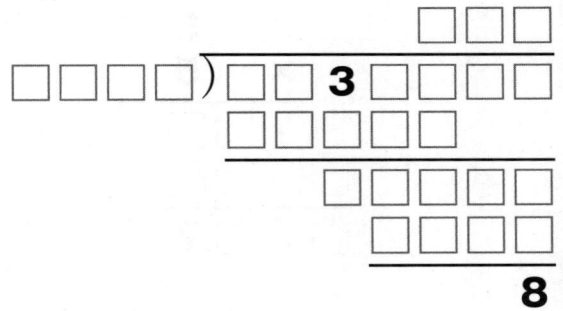

Question 74

```
              □□□
    □□□□)□□3□□□□
         □□□□□
         ─────
          □□□□□
          □□□□
          ────
              8
```

Question 75

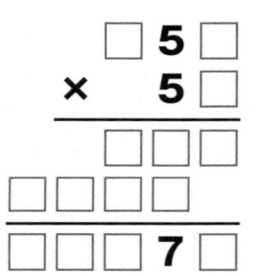

```
    □ 5 □
  ×   5 □
  -------
    □ □ □
  □ □ □ □
  ---------
  □ □ □ 7 □
```

Question 76

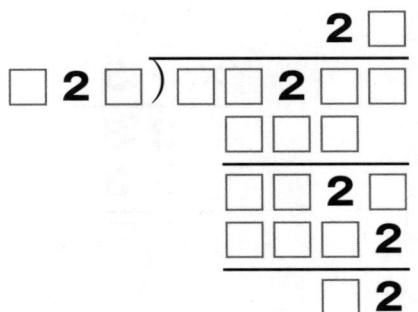

```
            2□
□2□)□□2□□
    □□□
    □□2□
    □□□2
     □2
```

Question 77

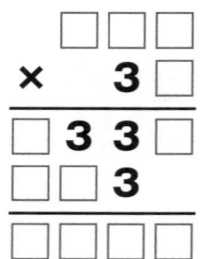

```
      □ □ □
  ×     3 □
   ─────────
    □ 3 3 □
    □ □ 3
   ─────────
    □ □ □ □
```

中級

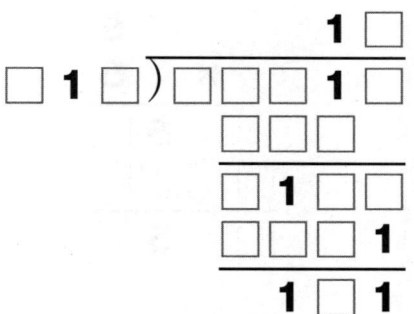

Question 78

```
              1 □
□ 1 □ ) □ □ □ 1 □
        □ □ □
       ─────────
        □ 1 □ □
        □ □ □ 1
       ─────────
          1 □ 1
```

Question 79

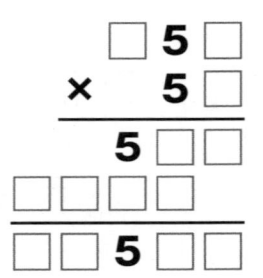

```
      □ 5 □
  ×     5 □
  ─────────
      5 □ □
   □ □ □ □
  ─────────
   □ □ 5 □ □
```

中級

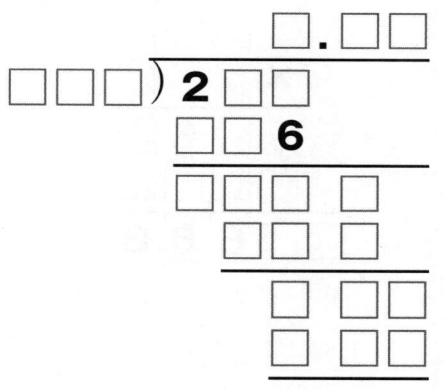

Question 80

```
            □.□□
    □□□)2□□
       □□6
       ─────
       □□□□
        □□□
       ─────
         □□□
         □□□
       ─────
```

Question 81

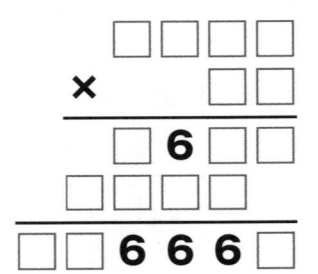

```
       □ □ □ □
    ×      □ □
    ─────────
       □ 6 □ □
     □ □ □ □
    ─────────
   □ □ 6 6 6 □
```

Question 82

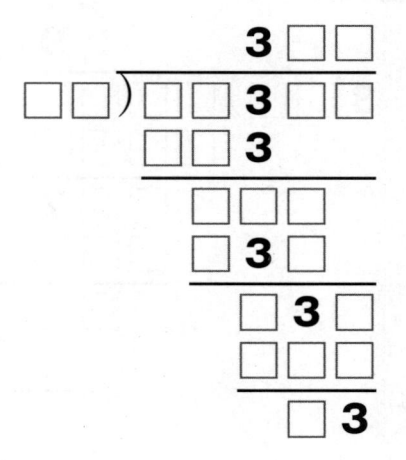

中級

```
              3 □ □
        ┌─────────────
   □ □ )□ □ 3 □ □
        □ □ 3
        ─────
          □ □ □
          □ 3 □
          ─────
            □ 3 □
            □ □ □
            ─────
              □ 3
```

Question 83

```
              9 □ □
      ┌─────────────
3 □ □ )□ □ □ □ □ □
       □ □ □ □
       ─────────
         □ □ 7 □
         □ □ □ □
         ─────────
           □ □ □ 1
           □ □ □
           ───────
               □
```

Question 84

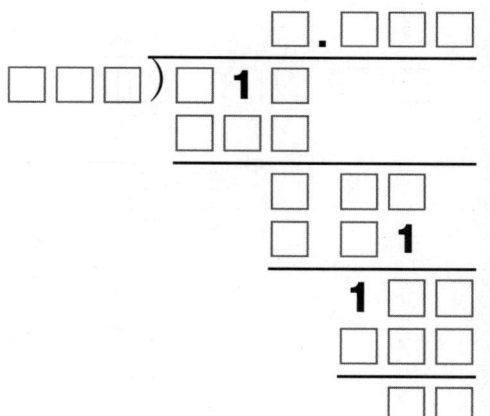

```
              □.□□□
       ┌─────────────
 □□□ )  □ 1 □
         □□□
         ─────
           □ □□
           □ □ 1
           ─────
             1 □□
             □□□
             ─────
               □□
```

Question 85

```
            □.□□
      ┌─────────
□□□ )  □□□□
       □□□
      ─────
       □□□ □
       □□□ 6
      ─────
         □ □□
         □ □□
      ─────
```

Question 86

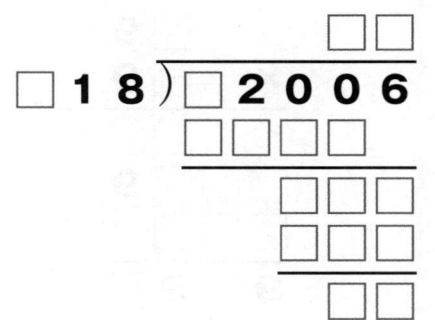

```
            □□
□18)□2006
    □□□□
    ─────
      □□□
      □□□
      ───
        □□
```

Question 87

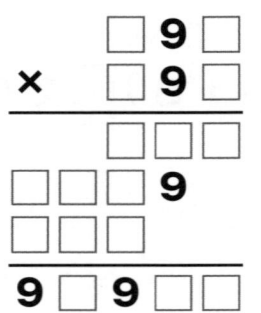

```
        □ 9 □
    ×   □ 9 □
    ─────────
        □ □ □
      □ □ □ 9
      □ □ □
    ─────────
    9 □ 9 □ □
```

中級

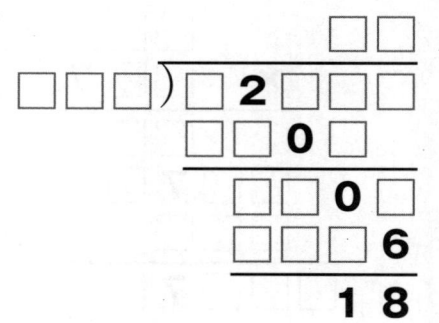

Question 88

```
           □□
  □□□)□2□□□
      □□0□
      ─────
       □□0□
       □□□6
       ─────
          18
```

Question 89

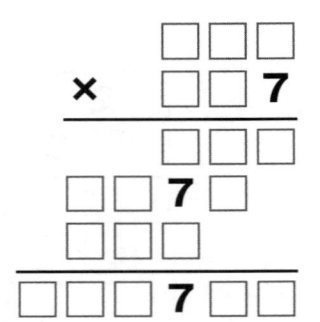

```
        □ □ □
  ×     □ □ 7
  ─────────────
        □ □ □
    □ □ 7 □
    □ □ □
  ─────────────
  □ □ □ 7 □ □
```

Question 90

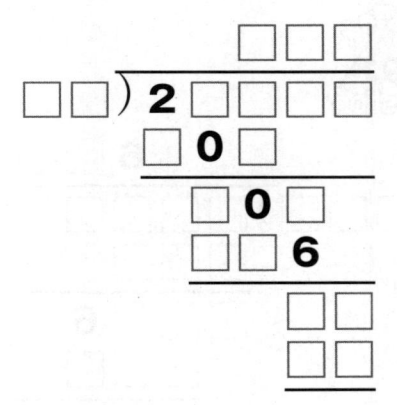

```
            □□□
       ┌────────
    □□)2□□□□
       □0□
       ─────
        □0□
        □□6
        ─────
         □□
         □□
```

問題―上級 (30問)

Question 91

```
            6 □ □
      ┌─────────
□ □ □ )□ □ □ □ □
       □ □ □
      ─────────
        □ □ □ 6
        □ □ □
      ─────────
          □ □ □ □
          □ □ 6 □
      ─────────
```

Question 92

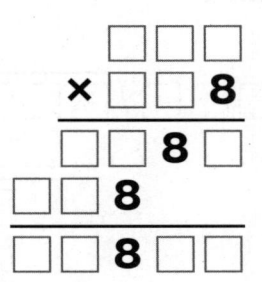

上級

```
      □ □ □
  ×   □ □ 8
  ─────────
    □ □ 8 □
  □ □ 8
  ─────────
  □ □ 8 □ □
```

Question 93

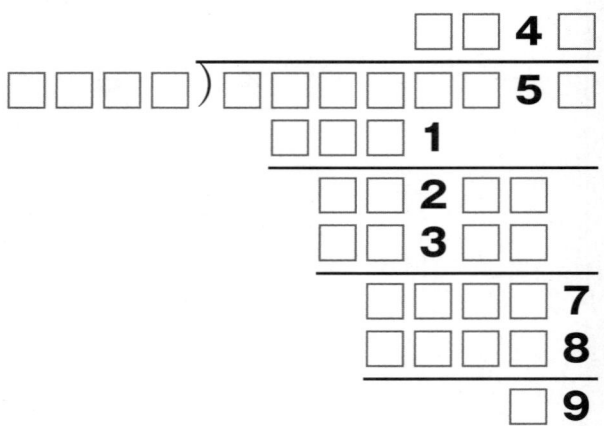

```
            □□4□
□□□□)□□□□□□5□
     □□□1
     □□2□□
     □□3□□
     □□□□7
     □□□□8
         □9
```

94 Question

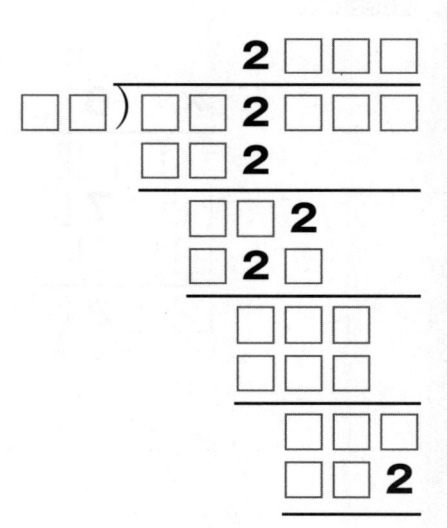

```
              2 □ □ □
    □ □ ) □ □ 2 □ □ □
          □ □ 2
          ─────
            □ □ 2
            □ 2 □
            ─────
              □ □
              □ □
              ─────
                □ □ □
                □ □ 2
                ─────
```

Question 95

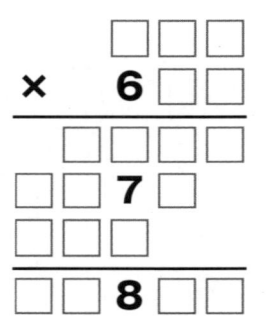

```
        □ □ □
  ×   6 □ □
  ─────────
      □ □ □ □ □
    □ □ 7 □
    □ □ □
  ─────────
    □ □ 8 □ □
```

上級

Question 96

数字が全部虫に食われてしまった虫食算を完全虫食算という。

```
            □.□□
       ─────────
   □□)□□□□
       □□
       ─────
       □□ □
       □□ □
       ─────
          □□
          □□
          ───
```

Question 97

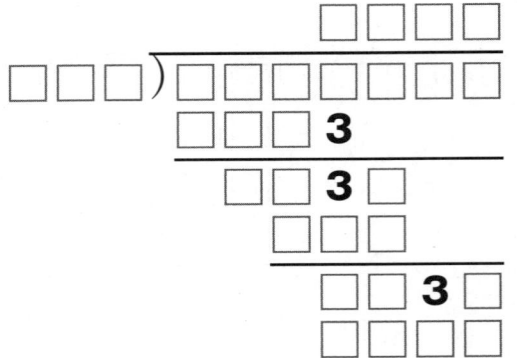

```
            □ □ □ □
      ┌─────────────
□ □ □ ) □ □ □ □ □ □ □
        □ □ □ 3
        ─────────
          □ □ 3 □
          □ □ □
          ─────────
            □ □ 3 □
            □ □ □ □
            ─────────
```

上級

Question 98

```
      □ □ 1 □ □
  ×     □ 2 □ □
  ─────────────
      □ □ □ 3 □
    □ 5 6 □ □
    □ □ □ □ 4
  □ 0 □ 7 □
  ─────────────
  □ □ □ □ □ □ □ □
```

99 Question

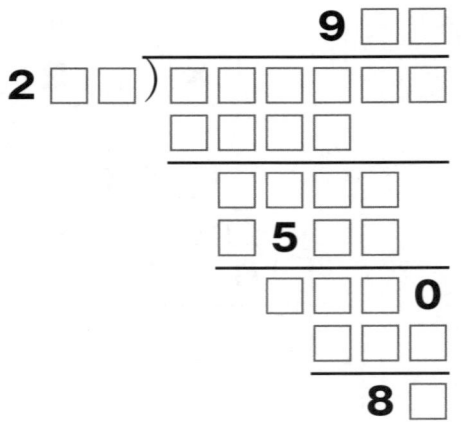

```
              9 □ □
      _____
2 □ □ ) □ □ □ □ □ □ □
        □ □ □ □
      _____
          □ □ □ □
        □ 5 □ □
      _____
          □ □ □ 0
            □ □ □
          _____
              8 □
```

上級

100 Question

```
        □ □ □
  ×   5 □ □
  ─────────
      □ 6 □ □
      □ 7 □
    □ □ □
  ─────────
    □ □ 8 □ □
```

Question 101

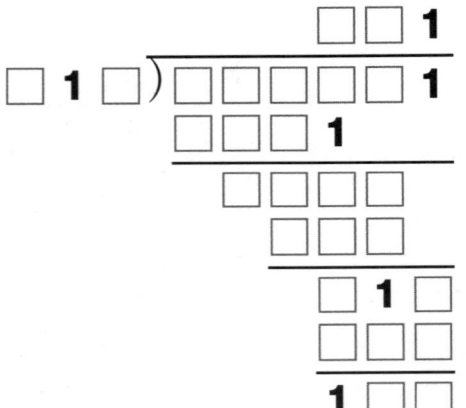

```
              □ □ 1
      □ 1 □ ) □ □ □ □ □ 1
              □ □ □ 1
              ─────────
                □ □ □ □
                □ □ □
                ───────
                  □ 1 □
                  □ □ □
                  ─────
                  1 □ □
```

Question 102

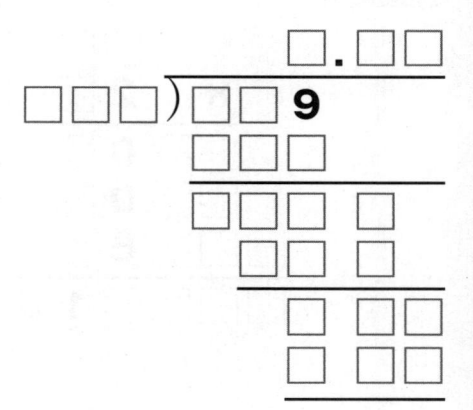

```
            □.□□
    _____
□□□)□□9
    □□□
    _____
    □□□□
     □□□
     _____
      □□□
      □□□
      _____
```

Question 103

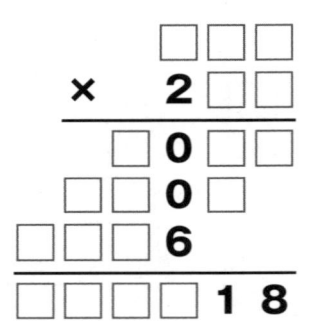

```
        □□□
  ×   2□□
      □0□□
     □□0□
    □□□6
   □□□□18
```

Question 104

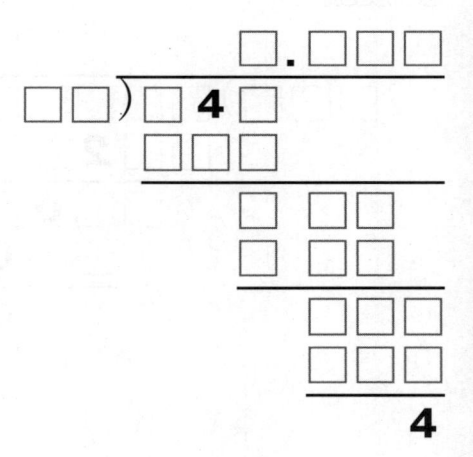

```
           □.□□□
      ┌─────────
  □□)□ 4 □
     □□□
     ─────
       □ □□
       □ □□
       ─────
         □□□
         □□□
         ─────
            4
```

Question 105

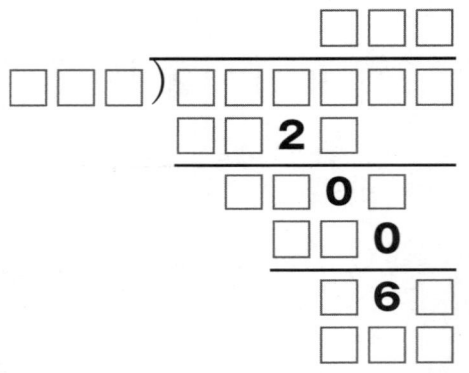

```
              □ □ □
       _____
□ □ □ ) □ □ □ □ □ □
        □ □ 2 □
        _____
          □ □ 0 □
          □ □ 0
          _____
            □ 6 □
            □ □ □
            _____
```

Question 106

```
      □ □ □ □
    ×     □ □
    ─────────
      □ □ □ □
    □ 7 □ □
    ─────────
    □ 7 7 7 □
```

Question 107

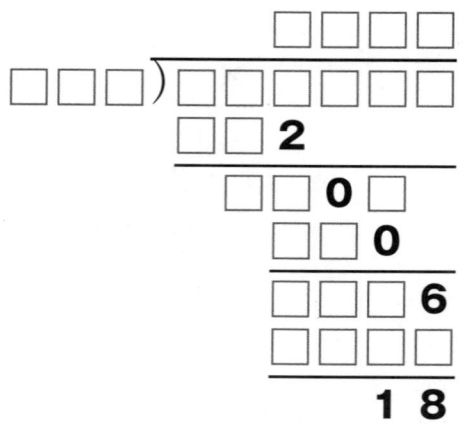

```
            □ □ □ □
    □ □ □ ) □ □ □ □ □ □ □
            □ □ 2
            ─────────
              □ □ 0 □
              □ □ 0
            ─────────
                □ □ □ 6
                □ □ □ □
                ─────────
                    1 8
```

108 Question

上級

```
          □.□□□
      ┌─────────
4□□) │ □□□
      │ □□
      ├─────────
      │ □□□ □
      │ □□ □
      ├─────────
      │   □ □□□
      │   □ □□□
      ├─────────
      │         □
```

Question 109

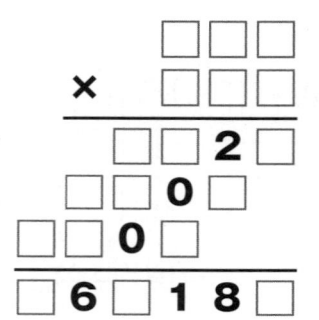

```
       □□□
    ×  □□□
    ──────
      □□2□
     □□0□
    □□0□
    ──────
    □6□18□
```

上級

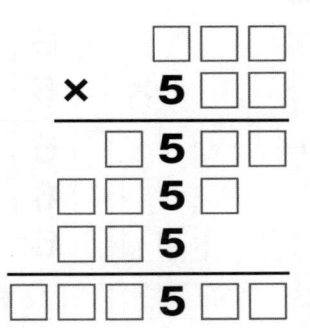

110 Question

```
        □□□
×      5□□
    ─────────
      □5□□
     □□5□
     □□5
    ─────────
    □□□5□□
```

Question 111

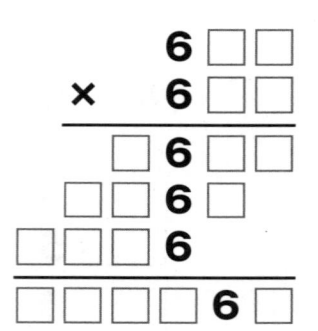

```
        6 □ □
  ×     6 □ □
  ─────────────
      □ 6 □ □
    □ □ 6 □
  □ □ □ 6
  ─────────────
  □ □ □ □ 6 □
```

112 Question

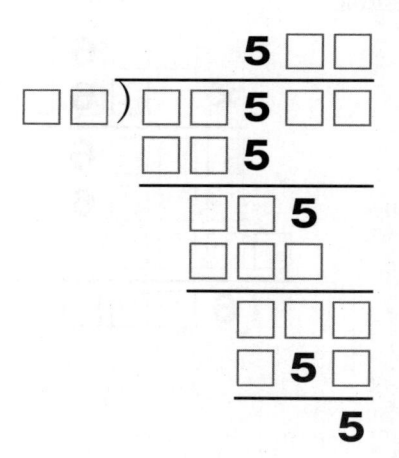

```
              5 □ □
      ┌─────────────
 □ □ )  □ □ 5 □ □
        □ □ 5
      ─────────
          □ □ 5
          □ □ □
        ─────────
            □ □ □
            □ 5 □
          ─────────
                5
```

Question 113

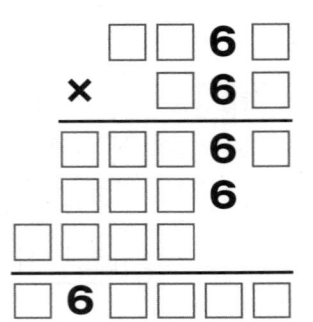

```
      □ □ 6 □
  ×     □ 6 □
  ─────────────
      □ □ □ 6 □
      □ □ □ 6
    □ □ □ □
  ─────────────
    □ 6 □ □ □ □
```

Question 114

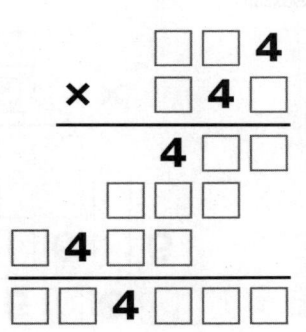

```
       □ □ 4
  ×    □ 4 □
  ─────────
     4 □ □
     □ □ □
   □ 4 □ □
  ─────────
  □ □ 4 □ □ □
```

Question 115

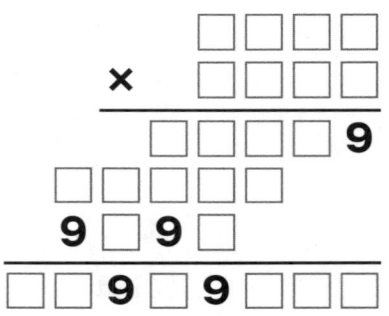

```
      □□□□
   ×  □□□□
   ───────
     □□□□9
    □□□□□
   9□9□
 ──────────
 □□9□9□□□
```

116 Question

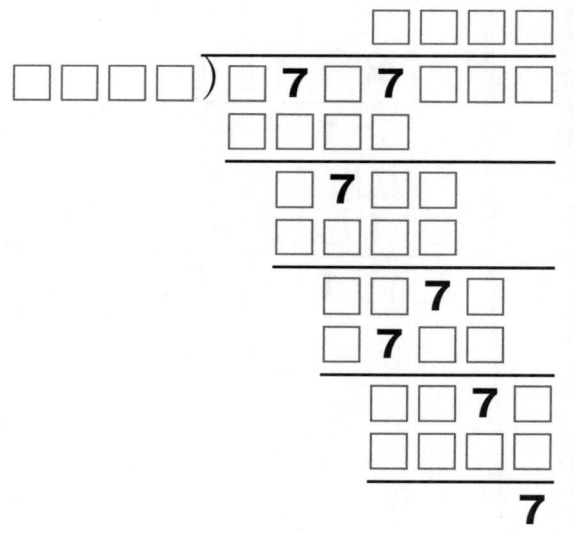

```
              □ □ □ □
     □ □ □ ) □ 7 □ 7 □ □ □
              □ □ □ □
              ─────────
                □ 7 □ □
                □ □ □ □
                ─────────
                  □ □ 7 □
                  □ 7 □ □
                  ─────────
                    □ □ 7 □
                    □ □ □ □
                    ─────────
                              7
```

Question 117

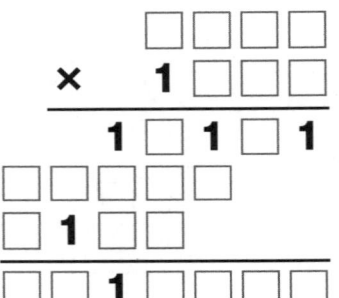

```
        □ □ □ □
    ×   1 □ □ □
    ─────────────
        1 □ 1 □ 1
      □ □ □ □ □
      □ 1 □ □
    ─────────────
    □ □ 1 □ □ □ □
```

上級

Question 118

18個ある□に1〜9をそれぞれ2回ずつ入れる。ただの虫食算とすると1450通りも答が出てしまう。

Question 119

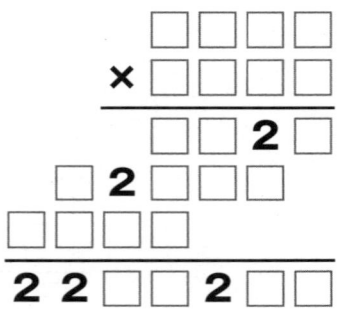

```
        □ □ □ □
    ×   □ □ □ □
    ─────────────
        □ □ 2 □
      □ 2 □ □ □
    □ □ □ □
    ─────────────
    2 2 □ □ 2 □ □
```

120 Question

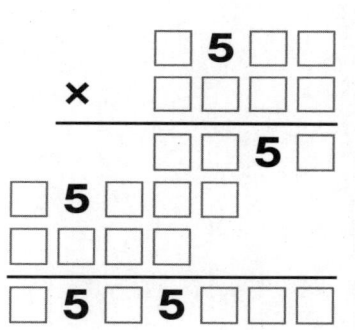

```
        □ 5 □ □
    ×   □ □ □ □
    ─────────────
        □ □ 5 □
      □ 5 □ □ □
    □ □ □ □
    ─────────────
    □ 5 □ 5 □ □ □
```

上級

解答

虫食算 解答編―初級 (50問)

Q1 57×63＝3591
Q2 9483÷109＝87
Q3 75×61＝4575
Q4 55877÷787＝71
Q5 331×31＝10261
Q6 9217÷13＝709
Q7 57×61＝3477
Q8 1988÷7＝284
Q9 10185÷105＝97
Q10 146×49＝7154
Q11 18231÷59＝309
Q12 729÷8＝91　余り 1
Q13 12×89＝1068
Q14 95÷8＝11　余り 7
Q15 393×17＝6681
Q16 1302÷24＝54　余り 6
Q17 13×69＝897
Q18 66816÷696＝96
Q19 1000÷13＝76　余り 12
Q20 249×402＝100098
Q21 95÷16＝5　余り 15
Q22 12×79＝948
Q23 18990÷999＝19　余り 9
Q24 118×17＝2006

解答

Q25 989 ÷ 11 = 89　余り 10
Q26 1055 ÷ 11 = 95　余り 10
Q27 1322 ÷ 19 = 69　余り 11
Q28 113 × 19 = 2147
Q29 54748 ÷ 71 = 771　余り 7
Q30 117 × 87 = 10179
Q31 1203 × 918 = 1104354
Q32 88209 ÷ 89 = 991　余り 10
Q33 619 ÷ 87 = 7　余り 10
Q34 124 × 809 = 100316
Q35 105329 ÷ 116 = 908　余り 1
Q36 8844 ÷ 326 = 27　余り 42
Q37 16 × 67 = 1072
Q38 99646 ÷ 112 = 889　余り 78
Q39 97 × 107 = 10379
Q40 37392 ÷ 121 = 309　余り 3
Q41 30222 ÷ 146 = 207
Q42 47484 ÷ 116 = 409　余り 40
Q43 12505 ÷ 19 = 658　余り 3
Q44 249 × 409 = 101841
Q45 1000 ÷ 13 = 76　余り 12
Q46 113 × 709 = 80117
Q47 105 ÷ 12 = 8.75
Q48 710 × 17 = 12070
Q49 446 × 19 = 8474
Q50 13 ÷ 24 = 0.54　余り 0.04

虫食算 解答編 ― 中級 (40問)

Q51 9255÷155=59 余り110

Q52 8701×29=252329

Q53 16434÷22=747

Q54 59×13=767

Q55 10100÷13=776 余り12

Q56 19×95=1805

Q57 11564÷236=49

Q58 19×73=1387

Q59 8109÷89=91 余り10

Q60 92×109=10028

Q61 15561÷819=19

Q62 1403×817=1146251

Q63 1350÷18=75

Q64 166×67=11122

Q65 126455÷157=805 余り70

Q66 10192÷14=728

Q67 155×69=10695

Q68 281242÷452=622 余り98

Q69 142×29=4118

Q70 89164÷113=789 余り7

Q71 112×891=99792

Q72 99050÷195=507 余り185

Q73 233×36=8388

Q74 1134100÷1249=908 余り8

解答

Q75	$258 \times 53 = 13674$
Q76	$10284 \div 428 = 24$ 余り 12
Q77	$191 \times 37 = 7067$
Q78	$12312 \div 713 = 17$ 余り 191
Q79	$559 \times 51 = 28509$
Q80	$238 \div 136 = 1.75$
Q81	$9697 \times 11 = 106667$
Q82	$28321 \div 71 = 398$ 余り 63
Q83	$328691 \div 331 = 993$ 余り 8
Q84	$512 \div 127 = 4.031$ 余り 0.063
Q85	$1081 \div 188 = 5.75$
Q86	$42006 \div 518 = 81$ 余り 48
Q87	$191 \times 492 = 93972$
Q88	$32554 \div 581 = 56$ 余り 18
Q89	$119 \times 897 = 106743$
Q90	$23494 \div 34 = 691$

虫食算 解答編―上級 (30問)

Q91 95060 ÷ 140 = 679
Q92 136 × 308 = 41888
Q93 10313457 ÷ 9841 = 1048 余り 89
Q94 262262 ÷ 91 = 2882
Q95 130 × 699 = 90870
Q96 108 ÷ 16 = 6.75
Q97 8986635 ÷ 987 = 9105
Q98 15137 × 2251 = 34073387

この積の前に03をつけると株式会社東京出版の電話番号となる。

Q99 222160 ÷ 228 = 974 余り 88
Q100 185 × 529 = 97865
Q101 297181 ÷ 319 = 931 余り 192
Q102 429 ÷ 325 = 1.32
Q103 513 × 286 = 146718
Q104 448 ÷ 74 = 6.054 余り 0.004
Q105 142065 ÷ 165 = 861
Q106 1399 × 27 = 37773
Q107 593076 ÷ 194 = 3057 余り 18
Q108 590 ÷ 488 = 1.209 余り 0.008
Q109 803 × 329 = 264187
Q110 193 × 578 = 111554
Q111 671 × 684 = 458964
Q112 30554 ÷ 51 = 599 余り 5
Q113 1566 × 167 = 261522

Q114　164×943＝154652
Q115　9291×1609＝14949219

　問題116〜120の5題が解けた方は、東京出版のホームページ

　　　　　　http://www.tokyo-s.jp/cho4/

に解答を記入していただきたい。この5題正解者は、正解者リスト

　　　(http://www.tokyo-s.jp/cho4/winners.cgi)

にハンドルネームが掲載される。

表紙の虫食算の答　………　1038608÷16＝64913
　　　　　　　　　　　　　　　　（ムシクイザン）

【著者紹介】

大駒　誠一

1959年	慶應義塾大学工学部計測工学科卒業
1959年～1964年	小野田セメント株式会社
1964年～2001年	慶應義塾大学理工学部管理工学科
2001年～2005年	東北公益文科大学公益学部公益学科
2001年	慶應義塾大学名誉教授

工学博士

【主要著書】

虫食算パズル700選　共立出版　1985年
続虫食算パズル700選　共立出版　1988年
學問のすゝめ・文明論之概略・福翁自傳　総文節索引
　慶應義塾福澤センター　1998年
文科系のためのC　サイエンス社　1998年
入門Cプログラミング　培風館　2000年
コンピュータ開発史　共立出版　2005年

知遊ブックス④
虫食算パズル

平成18年9月30日　第1刷発行

　定　価：本体600円＋税
　著　者：大駒　誠一
　発行者：黒木正憲
　ＤＴＰ：レディバード
　印刷所：光陽メディア
　発行所：東京出版
　　　　〒150-0012　東京都渋谷区広尾3-12-7
　　　　（電話）03-3407-3387
　　　　（振替）00160-7-5286
　　　　http://www.tokyo-s.jp/

ISBN4-88742-131-1　©Seiichi Okoma　2006 Printed in Japan
乱丁・落丁本はお取り替えいたします。